优秀技术工人
百工百法丛书

景生启工作法

2万吨重载列车化解冲动的优化

中华全国总工会 组织编写

景生启 著

中国工人出版社

技术工人队伍是支撑中国制造、中国创造的重要力量。我国工人阶级和广大劳动群众要大力弘扬劳模精神、劳动精神、工匠精神，适应当今世界科技革命和产业变革的需要，勤学苦练、深入钻研，勇于创新、敢为人先，不断提高技术技能水平，为推动高质量发展、实施制造强国战略、全面建设社会主义现代化国家贡献智慧和力量。

——习近平致首届大国工匠创新交流大会的贺信

优秀技术工人百工百法丛书

编委会

序

党的二十大擘画了全面建设社会主义现代化国家、全面推进中华民族伟大复兴的宏伟蓝图。要把宏伟蓝图变成美好现实，根本上要靠包括工人阶级在内的全体人民的劳动、创造、奉献，高质量发展更离不开一支高素质的技术工人队伍。

党中央高度重视弘扬工匠精神和培养大国工匠。习近平总书记专门致信祝贺首届大国工匠创新交流大会，特别强调“技术工人队伍是支撑中国制造、中国创造的重要力量”，要求工人阶级和广大劳动群众要“适应当今世界科技革命和产业变革的需要，勤学苦练、深入钻研，勇于创新、敢为人先，不断提高技术技能水平”。这些亲切关怀和殷殷厚望，激励鼓舞着亿万职工群众弘扬劳模精神、劳动精神、工匠精神，奋进新征程、建功新时代。

近年来，全国各级工会认真学习贯彻习近平总书记关于工人阶级和工会工作的重要论述，特别是关于产业工人队伍建设改革的重要指示和致首届大国工匠创新交流大会贺信的精神，进一步加大工匠技能人才的培养选树力度，叫响做实大国工匠品牌，不断提高广大职工的技术技能水平。以大国工匠为代表的一大批杰出技术工人，聚焦重大战略、重大工程、重大项目、重点产业，通过生产实践和技术创新活动，总结出先进的技能技法，产生了巨大的经济效益和社会效益。

深化群众性技术创新活动，开展先进操作

法总结、命名和推广，是《新时期产业工人队伍建设改革方案》的主要举措。为落实全国总工会党组书记处的指示和要求，中国工人出版社和各全国产业工会、地方工会合作，精心推出“优秀技术工人百工百法丛书”，在全国范围内总结100种以工匠命名的解决生产一线现场问题的先进工作法，同时运用现代信息技术手段，同步生产视频课程、线上题库、工匠专区、元宇宙工匠创新工作室等数字知识产品。这是尊重技术工人首创精神的重要体现，是工会提高职工技能素质和创新能力的有力做法，必将带动各级工会先进操作法总结、命名和推广工作形成热潮。

此次入选“优秀技术工人百工百法丛书”作者群体的工匠人才，都是全国各行各业的杰出技术工人代表。他们总结自己的技能、技法和创新方法，著书立说、宣传推广，能让更多人看到技术工人创造的经济社会价值，带动更多产业工人积极提高自身技术技能水平，更好地助力高质量发展。中小微企业对工匠人才的孵化培育能力要弱于大型企业，对技术技能的渴求更为迫切。优秀技术工人工作法的出版，以及相关数字衍生知识服务产品的推广，将对中小微企业的技术进步与快速发展起到推动作用。

当前，产业转型正日趋加快，广大职工对于技术技能水平提升的需求日益迫切。为职工群众创造更多学习最新技术技能的机会和条件，传播普及高效解决生产一线现场问题的工法、技法和创新方法，充分发挥工匠人才的“传帮带”作用，工会组织责无旁贷。希望各地工会能够总结、命名和推广更多大国工匠和优秀技术工人的先进工作法，培养更多适应经济结构优化和产业转型升级需求的高技能人才，为加快建设一支知识型、技术型、创新型劳动者大军发挥重要作用。

中华全国总工会兼职副主席、大国工匠

高凤林

作者简介
About The Author

景生启

1972 年出生，中国铁路太原局集团有限公司湖东电力机务段大秦第二机车队重载司机。

曾获“全国劳动模范”“全国五一劳动奖章”“全国技术能手”“最美铁路人”“新时代铁路榜样”“2019 年感动交通十大年度人物”“2023 年‘大国工匠年度人物’提名人选”等荣誉和称号，享受国务院政府特殊津贴。

他突破传统思维理念，创新方式方法，总结了2万吨重载列车精准操纵方法，有效化解了“1+1”编组模式、长度2.6km的2万吨重载列车的纵向冲动问题，有力地保证了2万吨重载列车的运行安全，为大秦铁路2万吨重载列车常态化、规模化、高密度开行提供了可靠的操纵技术保障。他多次参加重载列车首开试验任务，通过试验数据理论计算，再结合实际运行调整优化，创作出科学的操纵方法，改变了长期以来靠个人经验来操纵列车的现状，形成了自主的重载规章、重载规则，自主的操纵规范、操纵方法，填补了重载列车操纵技术标准的空白，其研究成果被我国其他重载新线广泛采用。

工 / 匠 / 寄 / 语

精细操作　精准操纵　钢铁长龙　行稳可控

万家灯火　电煤保供　国之大者　西煤东运

景培

目　　录
Contents

引　　言
Introduction

大秦铁路西起山西大同，东至河北秦皇岛，1988 年一期开通运营，1992 年全线开通。30 多年以来，大秦铁路累计运送煤炭 80 多亿吨，为我国六大电网、五大发电集团、上万家工矿企业和十几个省市提供生产生活用煤，成为我国重要的能源战略通道。曾经的拉闸限电、生产生活错峰用电、电煤告急也成为历史。牵引重量也从刚开通时的 4000 吨，逐步攀升至 6000 吨、10000 吨、15000 吨、21000 吨，并在 2014 年 4 月 2 日完成了 31500 吨重载组合列车的开行试验。随着牵引重量、列车长度的逐步增加，列车的纵向冲动也越来越大，安全风险更是越来越高，严重影响运行安全和运输秩序。

本书主要阐述了笔者多年来在大秦铁路担当司机值乘任务中，对列车纵向冲动的优化解决办法和实际运行效果，以及在攻关难题过程中的经验和心得，供同行参考。

第一讲

列车纵向冲动产生的原因

火车车辆是靠每节车厢间互相连通的列车管内的压力空气变化来实现上闸（制动）和松闸（缓解）的。当列车管内的压力空气压强减小时，车辆就会产生上闸作用，即减压制动；相反，减压后当列车管内的压力空气压强回升增大时，车辆就会松闸，即充风缓解。这与汽车的刹车（制动）与松刹车（缓解）正好相反。

当司机起动列车施加牵引力时，机车的牵引力从机车后部的第一辆车开始向后逐辆传递，因为连接车辆的车钩有一定的间隙，所以最后一辆车的启动需要一定的延时。如果司机短时间内快速增大牵引力，车辆突然产生一个大的加速度，就会产生纵向的冲动，就像瞬间猛踩汽车油门一样，给人强烈的推背感。同样的道理，如果司机快速地施加电制动力，和猛踩汽车刹车一样，人会瞬间向前倾。

这样的冲动可以通过规范司机的操作来减

小。施加牵引力或者电制动力时缓给慢增，当牵引力或者电制动力传到最后一辆车后再逐级、逐步增大级位，就能实现平稳起车和运行，杜绝或者减小冲动。

但是如果司机为了调速或停车不得已操作制动机实施空气制动或缓解时，不论是制动还是缓解，都是从与机车连接的第一辆车辆开始逐步向外延伸的，离机车越远的车辆，产生制动或缓解的作用就越晚，也就是有一个延时的过程。列车长度越短，延时就越短。随着牵引重量越来越大，列车的长度也越来越长，延时就越来越长。

当司机采取空气制动时，前部的车辆已经产生制动作用开始抱闸降速，后部的车辆还处于缓解的状态没有抱闸仍按原速度运行，这样就形成了前堵后涌的挤压现象，我们把这种冲动现象比作“撞墙式冲动”。

当司机操作空气制动机缓解时，前部的车辆

先缓解松闸要涨速（在下坡道运行），后部的车辆还在制动抱闸运行，拖拽着前部车辆，使得全列车车辆的车钩处于完全的拉伸状态。等最后一辆车缓解松闸后，在车钩的拉伸张力和下坡道下滑力的共同作用下，后部的车辆又像拉满的弹弓瞬间释放，列车中部和前部车辆的车钩由拉伸状态瞬间变成压缩状态，我们把这种先拉后压像水波浪一样的冲动比作“涌动式冲动”。

从上述分析得知，只要司机操作机车的空气制动机，就会产生车辆间的纵向冲动，这是不以人的意愿改变的。造成纵向冲动的根本原因是，列车前、后车辆制动与缓解的不同步性。也就是说，不论是空气制动还是空气缓解，前部车辆的动作永远比后部车辆的动作要快，靠近后部的车辆需要更长的时间来完成制动与缓解。所以列车的长度越长，前、后车辆制动与缓解的不同步性就越明显，列车的纵向冲动就会越大。

目前大秦线编组开行的列车有下列几种模式，如图 1 所示。

大秦铁路开通初期，均是牵引 4000~6000 吨的普通列车编组，辆数 50~70 辆，长度是 660~870m。空气制动延时 4s 左右，缓解延时最长 9s。

组合万吨编组的列车，前后都是 54 辆左右，采用动力分散牵引，前后车辆都不长，空气制动与缓解延时不大，司机制动与缓解时，配合好机车的动力制动（电动机转换为发电机而产生的反向力矩，对直流电力机车称为电阻制动，对交流电力机车称为再生制动，它们均可称为动力制动）操纵，能很好地减小列车的纵向冲动。

1.5 万吨编组的列车，前面是 1 万吨编组，后面是 5000 吨编组，同样采用动力分散牵引，虽然前面的列车长度是后面列车的 2 倍，但是前面的车辆是由前部机车和中部机车共同制动（排风）

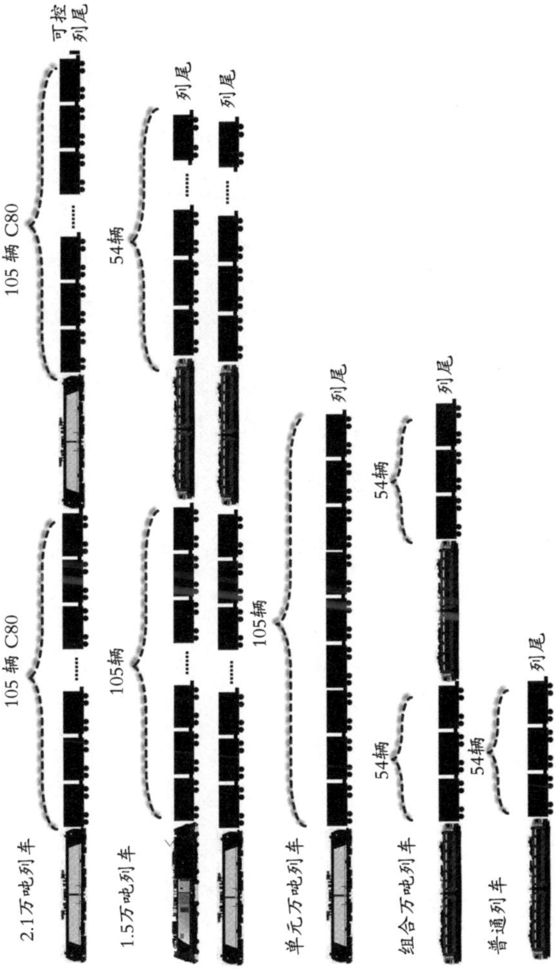

图 1　大秦线现行编组模式

和缓解（充风）的，恰恰是由于后部的车辆数是前部车辆数的一半，弥补了前后车辆不同步的时间差，所以采用 1.5 万吨编组的列车，规避了列车的纵向冲动。

单元万吨列车是由一台或两台电力机车在列车的前部牵引。由于列车的长度增加到了 1300m 左右，所以列车的最后一辆车制动延时在 6s 左右，缓解延时也增加到了 14s。同一列车编组的前、后车辆间，制动与缓解的不同步性进一步加大，列车的纵向冲动也同时加大。这也给由两个单元万吨组合编组的 2 万吨重载列车的纵向冲动留下隐患。

第二讲

“1+1”编组的2万吨重载列车化解冲动的难点

我国经济的快速增长，必然要求能源的快速增量来支撑。2004 年大秦线进行了 2 万吨重载列车（简称 2 万吨列车）的试验，当时采用的是 4×5000 吨编组，即由 4 个 5000 吨、4 台 SS4 改进型电力机车分布式牵引串联编组在一起。2006 年、2007 年大功率和谐型交流电力机车相继入段，2008 年采用“1+1”牵引编组的 2 万吨列车正式开行。随着运量的不断增加，2 万吨列车的开行对数也在不断地加大，目前 2 万吨列车日开行量常态化保持在 60 对（空重车）左右。大秦线开行的 2 万吨列车全部采用如图 2 的编组模式。

2 万吨列车由两个单元万吨列车按前后顺序组合编串在一起，处于头部的是主控机车，在列车中部的是从控机车，在列车的尾部加装了可控列尾（能接受司机指令参与制动排风的列车尾部装置），总共由两台机车分布式动力牵引，由 210 辆 C80 车辆组成，牵引总重 21000 吨，列车全长

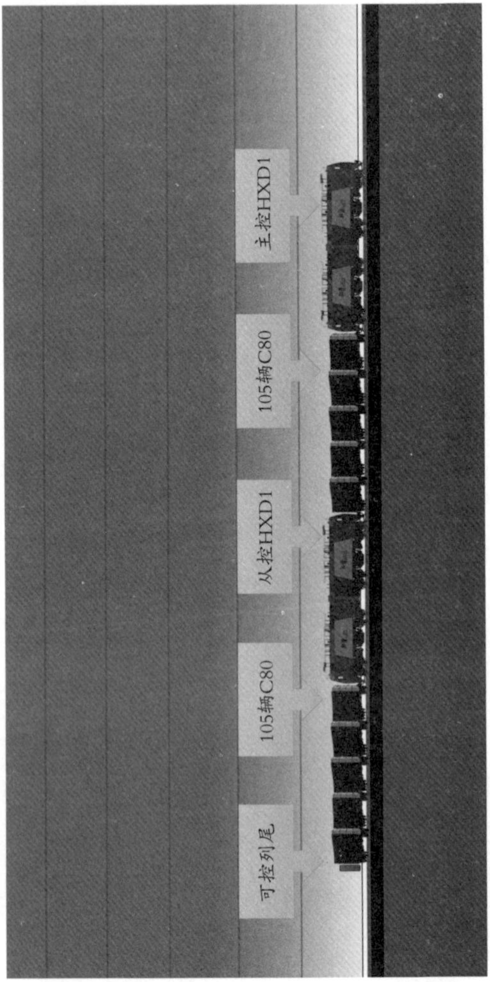

图 2 现行 2 万吨列车编组

2611.464m。正是由于 2 万吨列车“长、大、重”，造成了其“拉不动、停不住”的困难。

这样的编组和牵引方式使得全列车的制动和缓解的不同步性进一步增大，前半列车辆永远快于后半列车辆，快慢的不同造成了列车的纵向（列车运行方向）冲动，这是“1+1”编组牵引的 2 万吨列车始终绕不开的话题。另外，随着列车长度的增加，最后的车辆充满风所需要的时间也随之延长。如果充风不足而被迫采取空气制动调速或停车时，就不能产生有效的制动力，而弱的制动力使本身就降速慢的 2 万吨列车速度降得更慢甚至在长大下坡道不降速，这也是 2 万吨列车的另外两个难点——“冲动大、难控速”，如图 3 所示。

图 3　2 万吨列车操纵难点

第三讲

化解冲动的第一种方法：抑制法

如何操纵“1+1”编组的 2 万吨列车，在国际和国内都没有可以借鉴的经验和方法，只能一步步地摸索研究。最初笔者及其团队直接采用组合万吨（小组合 5000 吨 +5000 吨）的操纵方法来操纵组合 2 万吨列车，实践证明该方法完全不适用。运行当中产生了冲动现象，发生了安全风险甚至事故（如从控中部机车渡板变形、动轮悬空、脱轨甚至是颠覆等）。虽然组合 2 万吨列车比组合 1 万吨列车在牵引重量和列车长度上分别增加了一倍，但是安全风险却大幅增加。2 万吨列车“拉不动、停不住、冲动大、难控速”的操纵难点，成为司机最棘手的问题，也影响了 2 万吨列车的运行品质和运行安全。

如果一列单元万吨重载列车停在 4‰（表赤坡道大小）的上坡道，那么其总阻力（坡道阻力 + 起动阻力 =787.5kN）略大于 HXD1 型机车的最大起动牵引力（760kN），如果起车方法不对，列车就起不来。例如，一位从控机车司机担当单元万吨重载列车牵引任务，在沙城东站机外（进站信号机外方简称机外，基本上是4‰的上坡道）停车再开，由于起车方法掌握不当，将机车牵引力给至最大，且机车、车辆缓解的状态下，这列单元万吨重载列车在原地待了11min，也就是在速度为0的情况下，机车牵引力与列车总阻力在平衡的状态下僵持了11min，最终导致起车失败。

笔者通过分析，总结出了“三段给流法”的起车方法，即在司机操作制动机缓解后的一定时间，分三段加大牵引力，让车辆逐辆起动。当一节车辆起动后其自身的起动阻力就消失了，每起动一辆，相应的起动阻力就消失一辆，逐辆起动后列车总的起动阻力越来越小，这样牵引力相比总阻力越来越大，列车就能顺利起动了。核心是给牵引力的时机必须恰到好处，不能给早了，早了车辆没缓解拉不动；也不能给晚了，晚了车辆全部缓解后向后溜逸造成车辆的车钩变成拉伸状态，车钩没有了间隙就不能产生逐辆启动，同样会造成起车失败。所以给牵引力的时机是在全列车 2/3 的车辆缓解之时，当最后一辆车缓解的时候，恰好是牵引力传递到达之时（通过计算全列车的缓解时间，从而推算出给牵引力的时间）。可以将该时机总结为“给力点”。

“不怕拉不动，就怕停不住。”列车在长大下坡道运行，司机撂闸（采取空气制动）后，速度不降，甚至反升。重载列车在长大下坡道的紧急制动距离达到了 1400m，而紧急制动是重载列车不到万不得已不能使用的，因为使用紧急制动后伴随而产生的巨大纵向冲击力存在很大的安全风险。

2 万吨主控机车与从控机车是通过 GSMR 网络实现信号、指令、信息传输的，基本上能使两台相隔 1300m 远的机车实现“齐步走”，但机车的同步并不能使车辆实现同步，这是两个不同的概念。机车信号传输如图 4 所示。

纵向冲动是最难攻关的。因为 2 万吨列车的尾部有可控列尾，能根据司机的搿闸操作来同步参与制动排风，所以只要司机采取初制动减压（制动机的最小减压量，但能使列车产生可靠的制动力。2 万吨列车正常的调速和停车，规定只采取初制动减压），列车的头部、中部、尾部就能同时排风制动，车辆上闸的同步性较好，纵向冲动就较小。但是，可控列尾只执行初制动的减压量，当遇到非正常情况，司机迫不得已采取超过初制动的追加减压使列车快速停车，或者是由于设备自动产生超过初制动的大的减压量时，前后车辆产生制动作用的不同步性显著增加，前部车辆的制动强且快，明显快于且大于后部车辆的制动力，这样全列车的“撞墙式冲动”效应就会瞬间被放大，安全风险也会同步急剧增大。

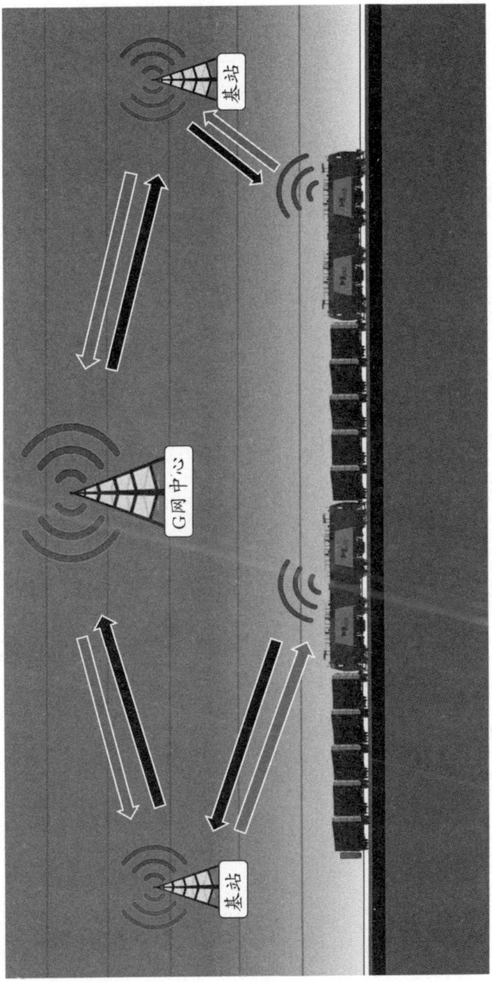

图4　机车信号传输

尽量规避大的制动减压量就需要司机提前采取降速措施，提前采取初制动减压。笔者根据“车车联控”（前后列车司机通过车载 G 网电话询问前行列车运行信息，包括列车运行的地点、速度、信号显示、准备缓解还是停车等待等信息）的问路式行车，创作了“四早四少”的操纵方法，即：早给少给、早退少退、早撂少撂、早追少追。可以将其总结为“提前点”。

正常情况下 2 万吨列车的调速和停车均采取初制动减压，这时列车的头部、中部、尾部同时减压制动，车辆产生制动的一致性较好，纵向冲动也小，但是充风缓解时，由于列车的尾部没有风源系统，可控列尾只能排风不能充风，所以车辆缓解的不同步性就凸显出来，前部车辆的缓解明显快于后部车辆，全列车的“涌动式冲动”效应随之显现。不论采取多大的制动减压量，只要列车缓解就会产生“涌动式冲动”现象，只是冲动大小不同的区别，减压量越大缓解后列车的纵向冲动就越大，因为减压量越大制动力就越强，缓解后车辆车钩之间的冲击力就会越大。所以2万吨列车的减压量达到或者超过55kPa时就不允许缓解，必须停车再开。

以缓解大秦线K64试闸的冲动为例。

当时由于K64试闸（利用线路的下坡道地段，司机采取初制动减压，根据列车的降速情况来判断本列车制动力的强与弱，作为司机操纵本列车制动机控速的依据）产生的冲动造成中部机车渡板（一台HXD1机车由两节组成，两节连接处的中间走廊通道是由两块铁板相互搭接的，供人员车上通行）变形的件数，占到全年总件数的1/3，严重影响运行安全和运输秩序。

普遍的认知就是，速度越高，列车的制动力就越弱，那么采取高速撂闸、高速缓解的操纵方法就有可能减小冲动。但是，事实颠覆了所有人的认知，冲动并没有减弱。

怎样才能减小冲动呢？笔者拿出线路图，对照 K64 试闸的线路特点反复仔细研究，查阅相关资料，仔细地计算列车车辆的下滑力。利用在试闸线路当中的一段缓坡地段，列车车辆的下滑力逐渐地减小这一事实，推算出下滑力与机车的再生电制动力大小相等、方向相反、互相抵消的前部车辆位置，那么就可以根据车辆的长度反推算出主控机车所在的位置，这个位置点就是平衡点，再减去司机缓解后车辆完全缓解所走的距离，从而找出主控司机操作制动机缓解的地点。在这个点操作制动机缓解，前部车辆完全缓解后的下滑力与主控机车的再生制动力数值正好相等，中部机车的车钩就始终处于一个稳定的压缩状态，从而不会产生拉锯式的涌动冲动而导致中部机车渡板变形。这个方法的核心是利用线路的缓坡或平坡地带，即利用线路纵断面的有利地形，找出平衡点。

找出平衡点后，进行试验，当列车通过 K64 试闸地段后，平稳运行，一趟、两趟、三趟……趟趟如此平稳，于是化解 K64 试闸冲动的操纵办法应运而生，笔者将其命名为“抑制法”，总结为找“平衡点”。

“抑制法”得到全面推广后，彻底化解了 K64 试闸的冲动，而且以此类推又陆续优化了另外的 6 把闸，均取得了很好的效果，如图 5 所示。

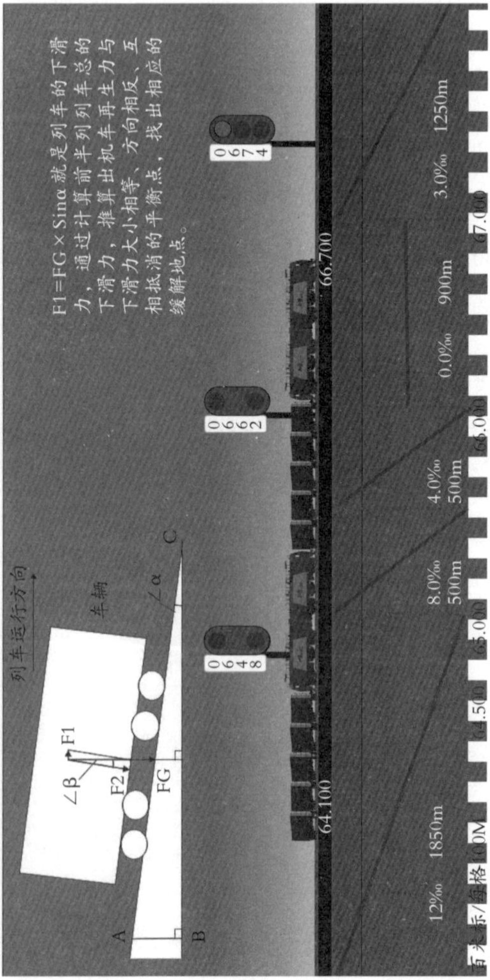

图 5　长大下坡道 2.1 万吨列车化解冲动操作方法：抑制法

第四讲

化解冲动的第二种方法：衰减法

并不是所有的地点都有合适的缓坡，从而能找到理想的平衡点。如果下坡道的坡度（用来显示坡道大小的物理量，用‰表示）很大且一致或者是接近一致，机车的电制动力不足以抵消车辆的下滑力，2万吨列车的下滑力远远大于机车的电制动力，涨速非常快。显然抑制法是不适用的，就需要另找方法。

大秦铁路是从黄土高原到渤海之滨，从西向东走到华北平原的北京怀柔区的茶坞站，海拔落差就近1000m，其中地形最险、操纵最难的主要集中在化稍营站至涿鹿站间K140—K182、延庆北站至茶坞站间K275—K327两段总长94km的地段，2万吨列车经过这里时，列车的头部和尾部高低落差有31.4m，相当于10层楼的高度，列车以大于70km/h的速度俯冲下去，速度很难被控制，如图6所示。

列车在曲线弯道运行时，车辆由于惯性的作

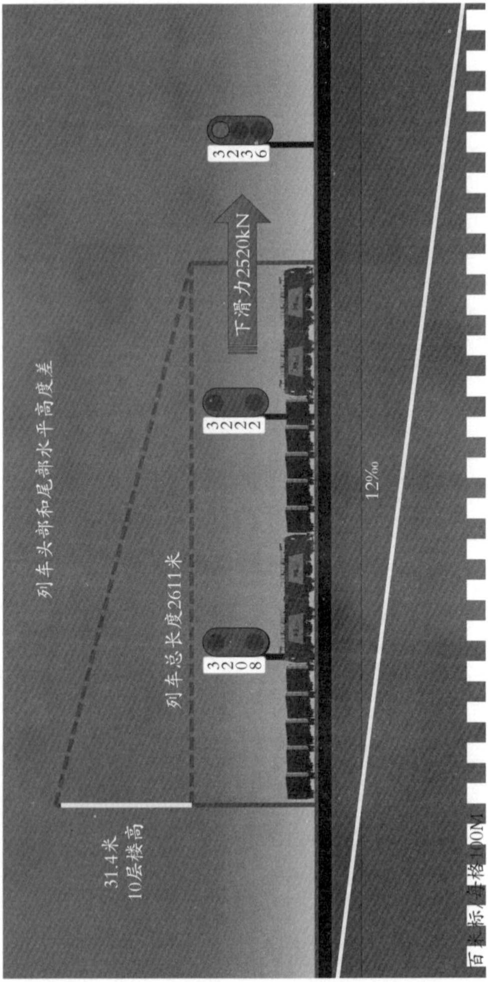

图 6　2.1 万吨列车操纵难点

用，会向弯道的外方移动，造成车辆的车轮轮缘挤压外侧钢轨的内边，形成轮轨摩擦力，该摩擦力就是车辆在曲线弯道运行时额外产生的曲线弯道阻力。该摩擦力与列车运行的方向相反，会起到迟滞列车速度的作用。

把 2 万吨列车的前半部车辆尽可能地放在曲线弯道上，利用车辆在弯道运行时产生的曲线弯道阻力来衰减列车缓解以后向前的冲击力，从而减小冲动。虽然不能全部抵消掉，但能衰减一部分的下滑冲击力，从而达到减小冲动的目的，如图 7 所示。

这种方法思路跟以前的操纵理念是完全相悖的，以前操纵组合万吨列车，缓解时要避开弯道，因为组合万吨列车缓解时 SS4 改进型机车的电制动力是给至最大的，大的挤压力使处于弯道的车辆产生大的横向力，从而使脱轨系数增大，安全风险也同样增大。所以要尽量避开曲线弯

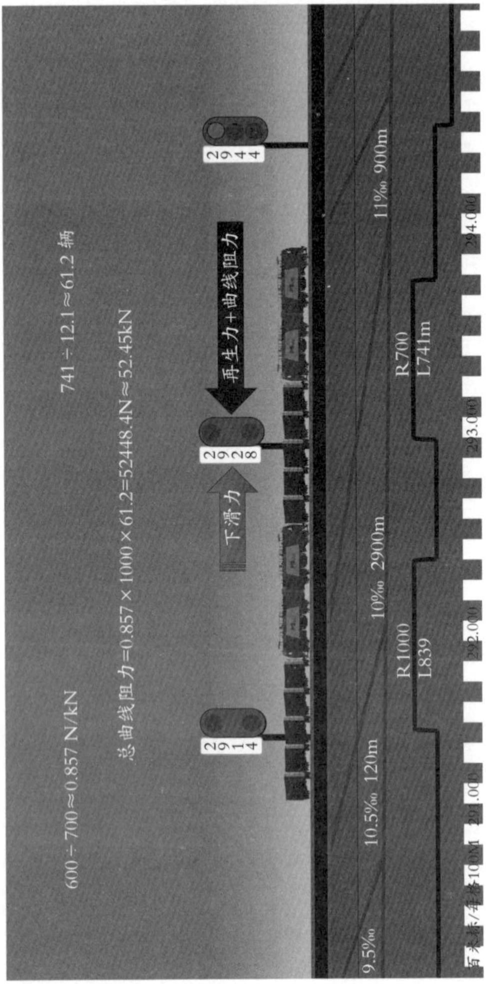

图 7 长大下坡道 2.1 万吨列车化解冲动操纵方法：衰减法

道。但在2万吨列车缓解时，HXD1型机车的电制动力较小（大的电制动力在2万吨列车缓解时反而使冲动更大，以前发生过大电制动力缓解后产生大的冲动造成中部机车的微动开关跳出而产生紧急制动，危及行车安全的事情。但也不能太小，小的电制动力在2万吨列车缓解时使头部主控机车的冲动增大，而且还有抻断车钩的风险，所以列车的头部、中部、尾部都要兼顾，故取中间值），挤压力也小。

上述在实践中得以证明的有效减小冲动的操纵方法称为“衰减法”，可以总结为找“衰减点”。该操纵方法的核心是必须把列车的前半部车辆放在曲线弯道内，或者把列车的前半部车辆和后半部车辆同时都放在前、后不同的弯道内，注意不能把列车的后部车辆放在曲线弯道内而把同一列车的前部车辆放在直线直道上，这样会起到相反的效果，冲动反而会更大。

第五讲

化解冲动的第三种方法：疏导法

如果既没有线路的纵断面缓坡地段可以利用，也没有线路的横断面曲线弯道可以利用，那么怎样才能减小冲动呢？司机在没有缓坡、没有弯道的下坡道地段运行，为了减小冲动就采取停车缓风（即制动减压后等列车停车后再缓解列车开车）的操纵方法，但这一停一起至少耽误6min。大秦线的列车密度接近饱和状态，只要在这里一停车，后面的列车也跟着停车，严重影响列车的通过能力，降低了运输效率。

“创新没有固定的模板”，可以换个思路去想问题。

笔者找出中部机车受到瞬间挤压冲击的时间节点是在司机操作制动机缓解后29~30s，在这个时间节点上，恰好精准地减小机车的再生制动力，使中部机车与后部车辆有一个共同向前运动的趋势，形成一个整体一起向前运动，从而达到减小或消除纵向冲动的目的。

笔者又针对 2 万吨列车在不同季节气候运行的特点，结合力的传递时间，细化了司机减少再生制动力的操作时间，从而把机车的再生制动力减小一半。这种退再生制动力的操纵方法，在以前的操纵方法、操纵理念中是绝对不允许的，因为在以前这是严重的断钩隐患。笔者将这种化解冲动的操纵方法称为“疏导法”，如图 8 所示。

退再生制动力的时间节点必须掌握精准，退早了，不仅主控机车冲动大，而且很容易把后部车辆的车钩抻断；退晚了，中部机车已经被挤压撞击，再退小也就没有意义了。在实际运用中，还要结合所拉车辆的类型、气候特点等分别做微小的调整，以达到精准的“推挽衔接”。

该操纵方法在实际推广应用后达到了很好的效果，准确地将冲击力卸掉，使司机采用停车缓风的操纵办法彻底成为历史，也使大秦线 2 万吨列车在特定的长大下坡道地段停车再开成为过

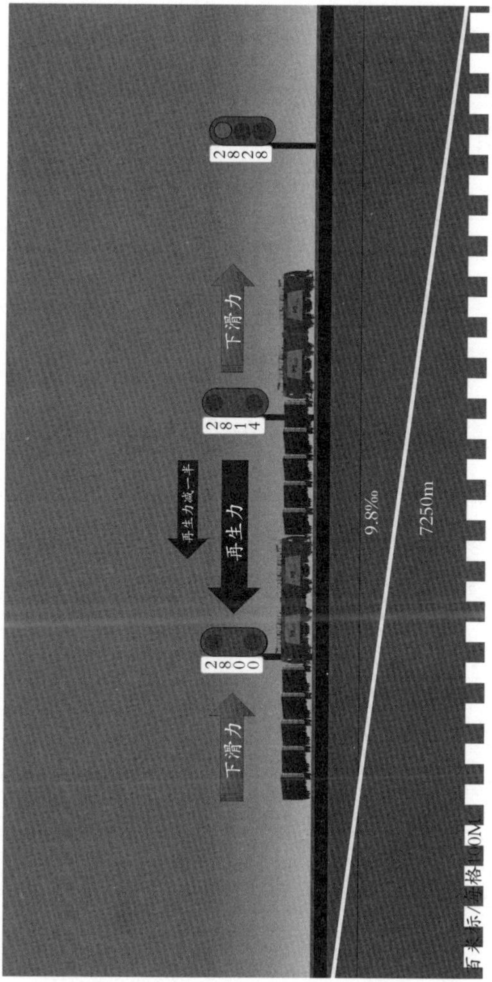

图 8　长大下坡道 2.1 万吨列车化解冲动操作法：疏导法

去，有力地提高了运输效率。

笔者及其团队吸取经验教训，不断修改、优化、创新、提炼 2 万吨列车操纵方法，结合试验数据和多年运行的经验，制定了两个长大下坡道区段“4+5”的模块化操纵方法。即在化稍营站至涿鹿站间 K140—K182 共 42km 长的第一个关键区段采用 4 把闸的操纵方法，延庆北站至茶坞站间 K275—K327 共 52km 长的第二个关键区段采用 5 把闸的操纵方法。这样既能很好地控制 2 万吨列车“下山”（主要是通过军都山脉）的速度，也能保证循环制动车辆所需的充风时间（只有车辆的列车管、副风缸充满风，列车再次制动时才能产生有效的制动力，如果充风时间不足，再次制动时车辆的制动力弱或者没有制动力，这样 2 万吨列车的速度就不可控，司机只能采取追加减压的办法来控制速度，这就导致全列车前堵后涌的“撞墙式冲动”效应急剧增大，由于瞬间产生很大的挤压力，极易发生将中部机车抬起而动轮悬空，或者将中部机车挤出线路发生脱轨事故甚至是颠覆事故），还能使处于长大下坡道的 2 万吨列车有近相同的运行频率，即运行在这一区段的 2 万吨列车都同时降速、同时涨速，达到合理的运行间隔时间，避免了由于前行车速度慢而后行车速度快造成的追灯（列车间隔变小，信号机会由绿灯变成黄灯或红灯）被迫采取追加减压或大减压量的制动措施，而带来的更大的安全风险；既避免了停车缓风，也杜绝了一把闸长时间带闸运行造成车辆自然缓解的安全风险，最重要的是保证了重载列车的运行安全。这就是解决 2 万吨列车在长大下坡道运行“难控速”的有效方法，笔者将其总结为找“循环点”。

综上所述，解决 2 万吨列车“拉不动、停不住、冲动大、难控速”难题分别找到了对应的操作解决方法，即“六点”“四线”，如图 9 所示。

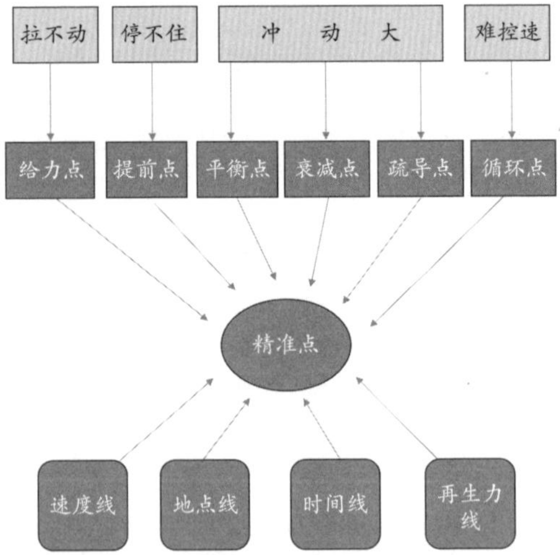

图9　2万吨列车“拉不动、停不住、冲动大、难控速”难题解决办法

“六点”分别是给力点、提前点、平衡点、衰减点、疏导点、循环点；“四线”分别是速度线、地点线、时间线、再生力线。不管司机怎样操作，最终要达到的目的是让毫不关联的四个象限的速度线、地点线、时间线、再生力线这四条线交会于理想的一个点。概括起来就是“精细化操作、精准化操纵”。“六点”是操纵2万吨列车的出发点、控制过程，以精准达到平稳，以精准达到安全。“四线”是靠精心、精细、精确、精准的操纵要达到的目标。

正所谓“车行一条线，变化万万千”，就是不同的司机来操纵2万吨列车，可能会由于制动力的差异等，导致司机操作的手法、方法有可能不同，但最终的运行曲线大致相同，甚至可以完全重合。

开好、开平稳、开安全2万吨列车并不容易。虽然每列2万吨列车的牵引重量相同、列车辆数相同、列车长度相同、机车的制动机相同、车辆的制动机相同，但是不同的2万吨列车的制动特性并不是完全相同，即便是同一列2万吨列车，在不同的地点、不同的气候条件下，每把闸的制动特性也会有差异，这就需要司机灵活应对。2万吨主控司机需提前感知到列车速度的变化趋势，从而在速度表的数字显示变化之前，提前对调速主手柄做相应的调整。2万吨主控司机需要练就眼观六路、耳听八方的本领，有提前的速度感知，找平衡的方法技巧，真正达到人机合一、收放自如、控速有余。这当然不可能一蹴而就，需要历练中的沉淀、学习中的悟道、应变中的灵活、创新中的灵感。

以上这些操纵方法，以景生启的名字命名为景生启工作法。该工作法为大秦线2万吨列车常态化、规模化、高密度开行提供了规范性的操纵标准，实现了由过去的被动应对到主动作为的转变，也实现了由实践摸索到科学理论指导的转变；上升到了理论规章，填补了国内重载列车操纵技术标准的空白，而且被我国其他重载新线广泛采用。

下面的四字言反映了 2 万吨列车从开车到安全到达终点站的过程：

轻推慢给，缓缓起动；车轮一动，高度集中；
雨雪天气，心情紧绷；上坡难动，下坡难控；
最难操纵，循环制动；列车制动，撞墙冲动；
列车缓解，涌动冲动；优化操纵，化解冲动；
抑制衰减，外加疏导；四早四少，车车联控；
4、5 循环，快慢有度；六点四线，精确对中；
精细操作，精准操纵；钢铁长龙，行稳可控；
撼天动地，一路向东；迎峰度夏，雨雪冰冻；
万家灯火，电煤保供；国之大者，西煤东运。

大秦铁路 2002 年运量突破 1 亿吨，2005 年突破 2 亿吨，2007 年突破 3 亿吨，2010 年突破

4 亿吨，2014 年达到 4.5 亿吨，2018 年最高完成 4.51 亿吨。创造了世界单条铁路线年运量最高的纪录。世界上公认的单条铁路线最大年运量为 2 亿吨，笔者及其团队完成了 2 倍多，创造了国外认为不可能完成的壮举。目前大秦铁路常态化年运量保持在 4.2 亿吨以上。在 2020 年 6 月 18 日完成了日运量 138.42 万吨，创造了大秦线单日运量最高的历史纪录，将大秦铁路建线开通以来单日运量的最高纪录再提升 1.6 万吨。

大秦线上开的 90 对左右重载列车当中，2 万吨列车占到了 70%，2 万吨列车是保证运量的绝对主力。一次次牵引动力的升级换代，从 SS1—SS3—SS4 改直流电力机车，到 DJ1—HXD1—HXD2 大功率交流电力机车；一次次牵引重量的不断增加，从 4000 吨到 6000 吨再到 10000 吨，从 15000 吨到 20000 吨再到 30000 吨；一次次新设备新技术的应用，可控列尾—GSMR 网络—

LOCOTROL 无线同步操控系统，车辆的 5T，调度集中指挥的 CTC 都为大秦线运量的攀升提供了不可或缺的技术支撑，这些新设备新知识都需要司机不断地学习、扎实地掌握，才能更好地驾驭重载列车，完成一次次的超越。

后　记

大秦铁路作为中国重载第一路，一直承载着先锋、引领、旗帜的使命。以大秦铁路的成功经验为模板，我国先后建成了瓦日、唐呼、浩吉重载铁路。

大秦铁路开通 30 多年来，累计运送煤炭 80 多亿吨。经过扩能改造、技术升级、设备换代，一代代大秦人心怀祖国、敢为人先、拼搏奉献、不断超越，逐步形成了一整套以产运需“对接”、集疏运“协同”、速密重“并举”为主要特点的具有自主知识产权的重载运输体系，创造了世界重载铁路运输的一个又一个奇迹，为保障国家能源运输安全，在一次次迎峰度夏、雨雪冰冻、抗震救灾中彰显“国之大者”，在服务我国经济社会发展和国计民生中发挥着不可替代的重要作用。它不仅仅是一条普通的铁路线，它已然成为一条政治线、安全线、示范线、效益线、幸福线。一代代大秦人传承始终听党话、永远跟党走的铁路红色基因，始终牢记“国之大者”，舍小家、顾大家，艰苦奋斗、攻坚克难，埋头苦干、勇争一流，开拓创新、砥砺前行，逐步凝结形成了“负重争先、勇于超越”的大秦铁路精神。

2022 年大秦铁路精神入选以“人民铁路为人民”为核心的铁路精神谱系，与“成昆精神”“小东精神”“青藏铁路精神”“巴山精神”等铁路精神一起，成为全国铁路工作者学习的榜样，我们作为大秦人，除了感到万分荣幸，更要以身作则，每时每刻都要传承好、发扬好大秦铁路精神，始终以时时放心不下的责任感和积极担当作为的精气神，为铁路六个现代化建设高质量发展当好重载安全的火车头。

个人荣誉的取得离不开大秦铁路这个平台，更离不开单位各级组织的支持、同事团队的协作努力。作为一个新时代的产业工人，我觉得在工作中应做到以下几个“心”：

时刻保持一颗有担当的责任心；

时刻保持一颗求知欲的学习心；

时刻保持一颗对安全的敬畏心；

时刻保持一颗敢作为的创新心；

时刻保持一颗不满足的工匠心；

时刻保持一颗对知识的好奇心。

景生启

2025 年 7 月

图书在版编目（CIP）数据

景生启工作法：2万吨重载列车化解冲动的优化 / 景生启著. -- 北京：中国工人出版社, 2025. 7.
ISBN 978-7-5008-8554-2

Ⅰ. U239.4

中国国家版本馆CIP数据核字第2025Z7Q524号

景生启工作法：2万吨重载列车化解冲动的优化

出 版 人　董　宽
责任编辑　时秀晶
责任校对　张　彦
责任印制　栾征宇
出版发行　中国工人出版社
地　　址　北京市东城区鼓楼外大街45号　邮编：100120
网　　址　http://www.wp-china.com
电　　话　（010）62005043（总编室）
　　　　　（010）62005039（印制管理中心）
　　　　　（010）62379038（职工教育编辑室）
发行热线　（010）82029051　62383056
经　　销　各地书店
印　　刷　北京市密东印刷有限公司
开　　本　787毫米×1092毫米　1/32
印　　张　2.5
字　　数　35千字
版　　次　2025年8月第1版　2025年8月第1次印刷
定　　价　28.00元

优秀技术工人百工百法丛书

第一辑　机械冶金建材卷

第二辑　海员建设卷

100 ARTISANS AND 100 TECHNIQUES SERIES
蔡连财工作法
半潜船浮装操作
常洪霞工作法
公交安全驾驶与服务
陈宇航工作法
大型管道装配
陈竹祥工作法
汽车漆膜修补
程克辉工作法
常用焊接操作技能
勾常春工作法
盾构注浆“制一运一注”一体化集成系统
李燕肇工作法
古建彩画颜料调制及彩画工艺流程
廖明工作法
地铁司机应急处置技能培训
魏钧工作法
焊接十步操作法
吴喜军工作法
桥梁伸缩缝微创技术
翟筛红工作法
古建筑冰纹窗制作
竺士杰工作法
远控集装箱岸桥操作法

第三辑　能源化学地质卷

100 ARTISANS AND 100 TECHNIQUES SERIES
陈可营工作法
海洋油气生产绿色数智化设计与应用
100 ARTISANS AND 100 TECHNIQUES SERIES
程平工作法
钴基60硬质合金真空水冷堆焊
100 ARTISANS AND 100 TECHNIQUES SERIES
丁正江工作法
焦家式金矿预测勘查
100 ARTISANS AND 100 TECHNIQUES SERIES
华伶利工作法
松散地层钻进取心
100 ARTISANS AND 100 TECHNIQUES SERIES
黄兆亮工作法
航改型燃气轮机蜂窝封严钎焊修复
100 ARTISANS AND 100 TECHNIQUES SERIES
琚永安工作法
架空地线复合光缆的电动旋切
100 ARTISANS AND 100 TECHNIQUES SERIES
李辉工作法
用试验电压检测变电站一、二次设备交流回路整体组合工况
100 ARTISANS AND 100 TECHNIQUES SERIES
李祖锋工作法
抽水蓄能电站控制测量方案优化
100 ARTISANS AND 100 TECHNIQUES SERIES
刘清工作法
煤矿无人化智能开采控制系统
100 ARTISANS AND 100 TECHNIQUES SERIES
毛玉泉工作法
贵细中药材鉴别应用
100 ARTISANS AND 100 TECHNIQUES SERIES
齐名工作法
应用STC单片机
100 ARTISANS AND 100 TECHNIQUES SERIES
秦钦工作法
矿井安全监控设备辅助安装及故障分析处理

100 ARTISANS AND 100 TECHNIQUES SERIES
孙同根工作法
S Zorb装置优化
100 ARTISANS AND 100 TECHNIQUES SERIES
王月鹏工作法
基于绝缘平台的绝缘杆作业法
100 ARTISANS AND 100 TECHNIQUES SERIES
王跃工作法
滴定分析的判断与控制
100 ARTISANS AND 100 TECHNIQUES SERIES
杨新海工作法
车载移动测量技术在实景三维成果质量检验中的应用
100 ARTISANS AND 100 TECHNIQUES SERIES
杨义兴工作法
油田修井现场清洁生产技术应用
100 ARTISANS AND 100 TECHNIQUES SERIES
游弋工作法
煤矿供电系统防晃电设计与应用
100 ARTISANS AND 100 TECHNIQUES SERIES
余姝工作法
高陡峡谷区地质灾害调勘查

第四辑　国防邮电卷

100 ARTISANS AND 100
TECHNIQUES SERIES
高凤林
工作法
钢／铝异种金属
软钎焊制造

100 ARTISANS AND 100
TECHNIQUES SERIES
曹彦生
工作法
航天结构件
数控铣削
加工工艺

100 ARTISANS AND 100
TECHNIQUES SERIES
陈久友
工作法
轻量化金属构件
高性能激光焊接

100 ARTISANS AND 100
TECHNIQUES SERIES
陈佐佐
工作法
数字化纤芯
管理方案

100 ARTISANS AND 100
TECHNIQUES SERIES
洪家光
工作法
典型产品
车削加工

100 ARTISANS AND 100
TECHNIQUES SERIES
秦世俊
工作法
直升机动部
关键件、重要件
数控加工

100 ARTISANS AND 100
TECHNIQUES SERIES
陶安
工作法
高精度、高硬度
螺纹环规二次
车削及专用夹具

100 ARTISANS AND 100
TECHNIQUES SERIES
王刚
工作法
高精度铰孔
精准控制

100 ARTISANS AND 100
TECHNIQUES SERIES
徐珺
工作法
全光组网安装
维护交付

第五辑　财贸轻纺烟草卷

第六辑　农林水利卷

第七辑　金融卷

第八辑　铁路卷